FORSCHUNGSBERICHTE DES LANDES NORDRHEIN-WESTFALEN

Nr. 1861

Herausgegeben im Auftrage des Ministerpräsidenten Heinz Kühn
von Staatssekretär Professor Dr. h. c. Dr. E. h. Leo Brandt

DK 677.494.001.5:677.861.523.1:66.083.4:536.4:620.193.5

*Dr. rer. nat. Walter Fester*

*Textil-Ing. Peter Küppers*

*Textilforschungsanstalt Krefeld*

# Die Veränderung von Synthesefasern durch eine Hitzebehandlung im Vakuum

WESTDEUTSCHER VERLAG · KÖLN UND OPLADEN 1967

ISBN 978-3-663-06141-0 ISBN 978-3-663-07054-2 (eBook)
DOI 10.1007/978-3-663-07054-2

Verlags-Nr. 011861



Gesamtherstellung: Westdeutscher Verlag

# Inhalt

# 1. Einleitung

Im Rahmen des Ausrüstungsprozesses von Synthesefasern spielt die Erhitzung zur Faserfixierung eine wichtige Rolle. Da diese Behandlung in der Regel in trockener Luft, d. h. in Gegenwart von Sauerstoff, durchgeführt wird, tritt sehr oft eine Schädigung und damit verbunden eine Vergilbung der Fasern auf. Insbesondere die Vergilbung der Fasern ist mit Ausnahme der Polyacrylnitrilfaser [1] auf die Gegenwart von Sauerstoff zurückzuführen.

Wir haben uns daher die Aufgabe gestellt, die Schädigung verschiedener Synthesefasern bei der Erhitzung im Vakuum zu untersuchen und weiterhin den Einfluß einer derartigen Behandlung auf die Quellungseigenschaften der Fasern und damit verbunden auf die färberischen Eigenschaften festzustellen.

Für unsere Untersuchungen wählten wir die folgenden Fasermaterialien:

| | |
|---|---|
| Polyester | 50/18 |
| Nylon 6 | 60/14 |
| Polyacrylnitril | 120/48 |
| Polypropylen | 90/24 |

# 2. Versuchsdurchführung

## 2.1 Die Erhitzung der Fasern

In der Abb. 1 wird die Versuchsanordnung zur Erhitzung der Fasern im Vakuum dargestellt.

Mit Hilfe einer speziellen Wickelapparatur wurden ca. 1,5 g Fasermaterial fadengerade mit möglichst kleiner Spannung auf den Glaszylinder 1 aufgewickelt. Dieser Zylinder wurde in den Glasbehälter 2 eingesetzt, wobei dieses Gefäß durch einen Planschliff vakuumdicht abgeschlossen wurde. Der äußere Glasbehälter besaß einen Stutzen 3, der mit Hilfe eines Glasrohres über eine Kühlfalle 4 mit dem Pumpstand 5 verbunden wurde. Die Kühlfalle sollte dazu dienen, eventuell auftretende flüchtige Verbindungen aufzufangen. Die Kühlung erfolgte mit Hilfe des Kryomaten TK 30 D der Firma Lauda 6. Als Pumpstand wurde der Stand PO 1 der Firma Leybold verwendet, der sich aus der Rotationspumpe D 2 und der Öldiffusionspumpe DO-30 zusammensetzt. Zur Erhitzung der Fasern wurde in den Zylinder 1 von dem Thermostaten Typ NSHTD 7 der Firma Lauda Silikonöl S 300 der gewünschten Temperatur eingepumpt. Die Temperaturmessung des Öles erfolgte in dem Zylinder 1, so daß sich alle späteren Angaben der Erhitzungstemperatur für die Fasern auf diese Messung bezogen. Vor dieser

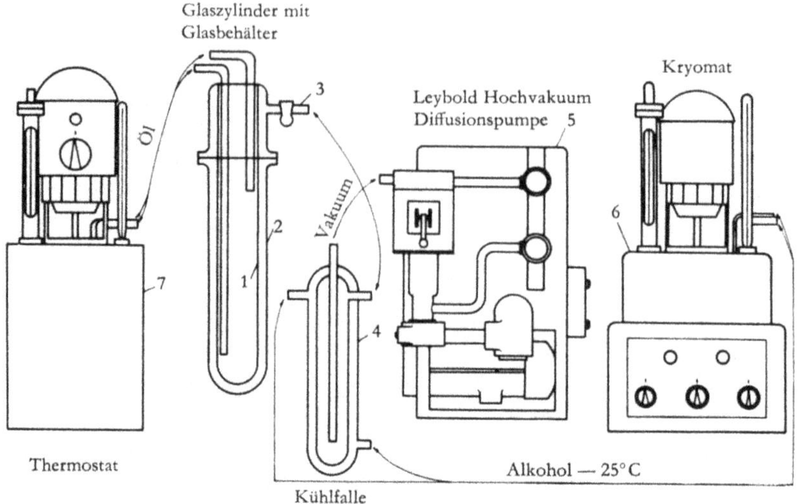


Abb. 1 Schematische Darstellung der Versuchsanordnung zur Erhitzung der Fasern

Erhitzung wurde der äußere Zylinder 2 evakuiert. Das erreichte Vakuum lag zwischen $2 \cdot 10^{-5}$ und $8 \cdot 10^{-5}$ torr.
Nach Ablauf der gewünschten Erhitzungszeit wurde das Heizöl in den Thermostaten zurückgesaugt und nach kurzer Abkühlungszeit der Behälter 2 belüftet.

Die Erhitzungstemperaturen wurden wie folgt gewählt:

Polyamidfasern:
140° C, 160° C, 180° C, 200° C, 220° C, 230° C

Polyacrylnitrilfasern:
140° C, 160° C, 180° C, 200° C, 220° C, 240° C

Polyesterfasern:
140° C, 160° C, 180° C, 200° C, 220° C, 240° C, 260° C

Polypropylenfasern:
140° C, 160° C, 180° C, 190° C

Als Erhitzungszeit wurde in allen Fällen 1 Std. gewählt.

Zusätzlich zu diesen Erhitzungszeiten wurde bei den Polyamid- und Polyesterfasern der Einfluß unterschiedlicher Erhitzungszeiten untersucht, wobei eine Temperatur von 220° C und die folgenden Zeiten gewählt wurden:

0,5 Std., 1 Std., 2 Std., 4 Std., 8 Std.

## 2.2 Technologische Prüfung

Die Reißkraft und Reißdehnung sowie die Kraft-Längenänderungskurven wurden mit Hilfe des ZWICK-Fadenfestigkeitsprüfers mit konstanter Verformungsgeschwindigkeit der Probe gemessen.

Die Bestimmung der Elastizität im Falle der Polypropylenfasern wurde nach DIN 53835 vorgenommen.
Abweichend von der Norm betrug die Einspannlänge 100 mm und die Anzahl der Einzelversuche 5.

## 2.3 Bestimmung der Quellungseigenschaften

Der Wassergehalt der Fasern wurde durch Trocknung bestimmt. Hierzu wurden ca. 400 mg Fasern im Klimaraum bei Normklima klimatisiert, anschließend während 3 Std. im Trockenschrank bei 105°C getrocknet und der Gewichtsverlust bestimmt.
Die Bestimmung des Wasserrückhaltevermögens erfolgte nach DIN 53814.

## 2.4 Bestimmung des Farbstoffaufnahmevermögens

Zur Färbung der Fasern wurde ein 2-l-Rundkolben, der mit 7 symetrisch angeordneten Tuben zum Einführen von Proben versehen war, verwendet. Zusätzlich besaß der Kolben einen Schliffstutzen, durch den zur Bewegung der Farbflotte ein KPG-Rührer eingesetzt werden konnte.
In diese Kolben wurden 1,7 l einer 0,2%igen Farbstofflösung eingefüllt. Im Falle der Färbung von Polyamidfasern mit dem Säurefarbstoff wurde die Flotte mit Essigsäure auf pH 3 eingestellt. Bei den übrigen Färbungen wurden der Farbflotte keine Zusätze beigefügt.
Nach Aufheizen der Flotte auf 100°C wurden jeweils 100 mg Fasermaterial an kleine Glasstäbe, die an Gummistopfen befestigt waren, gebunden, die dann durch die Tuben des Färbekolbens in die Farbflotte eingetaucht wurden. Die Färbezeit wurde zu 4 Std. gewählt. Nach Abschluß der Färbung wurden die Faserproben viermal in 100 ml entionisiertem Wasser jeweils 10 sec gespült.
Zur Ermittlung der aufgezogenen Farbstoffmenge wurden die gefärbten Fasern gelöst und die Farbstoffmenge mit Hilfe von vorher aufgestellten Eichkurven colorimetrisch bestimmt. Als Lösungsmittel verwendeten wir für Polyamid- und Polyesterfasern Kresol und für Polyacrylnitrilfasern Dimethylformamid. Die Polypropylenfasern waren nach der Erhitzung nicht mehr löslich. Der Farbstoff ließ sich jedoch mit Trichloräthylen aus der Faser extrahieren.

## 2.5 Bestimmung des Weißgehaltes

Zur Bestimmung des Weißgehaltes wurden die Faserproben in neunfacher Lage auf eine Metallplatte aufgewickelt und die Remission mit Hilfe des lichtelektrischen Remissionsphotometers »Elrepho« der Firma Zeiss gemessen. Der Weißgehalt wurde nach der Stephansonschen Formel berechnet.

# 3. Die Versuchsergebnisse

## 3.1 Die Veränderung der Polyamidfasern

### *3.1.1 Änderung der technologischen Eigenschaften*

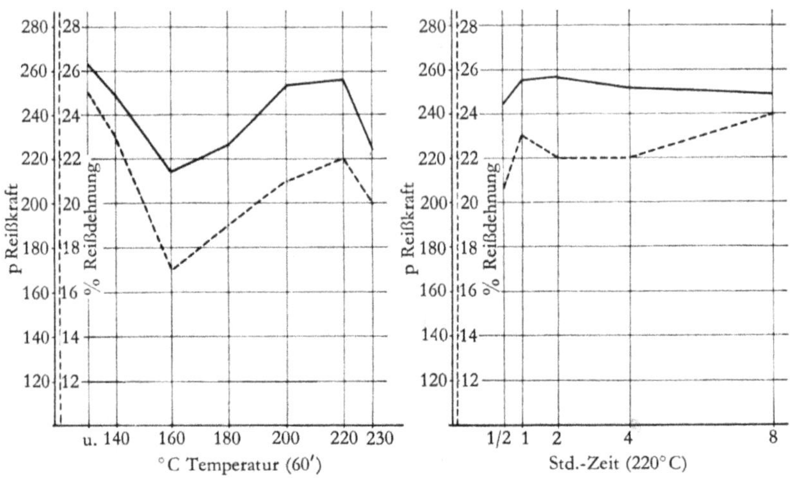


Abb. 2 Veränderung der Reißkraft und Reißdehnung von Nylon-6-Fasern nach der Erhitzung im Vakuum bei unterschiedlich hoher Temperatur und während verschieden langer Zeiten

*Tab. 1 Reißkraft und Reißdehnung von Nylon-6-Fasern nach der Erhitzung im Vakuum bei unterschiedlich hoher Temperatur und während verschieden langer Zeiten bei* 220° C

| Erhitzungs-temperatur in° C | Reiß-kraft in p | Reiß-dehnung in % | Erhitzungs-zeit in Std. | Reiß-kraft in p | Reiß-dehnung in % |
|---|---|---|---|---|---|
| nicht erhitzt | 263 | 25 | nicht erhitzt | 263 | 25 |
| 140 | 249 | 23 | 0,5 | 245 | 20 |
| 160 | 215 | 17 | 1 | 255 | 23 |
| 180 | 226 | 19 | 2 | 257 | 22 |
| 200 | 252 | 21 | 4 | 252 | 22 |
| 220 | 255 | 22 | 8 | 249 | 24 |
| 230 | 225 | 20 | | | |

Die Meßergebnisse zeigen, daß bis zu der hohen Erhitzungstemperatur von 230° C nur eine geringfügige Festigkeitsabnahme auftritt. Ebenfalls sind nur geringfügige Dehnungsänderungen festzustellen. Betrachtet man jedoch den gesamten Verlauf der Kraft-Längenänderungs-Kurven (Abb. 3 und 4), so stellt man fest, daß ins-

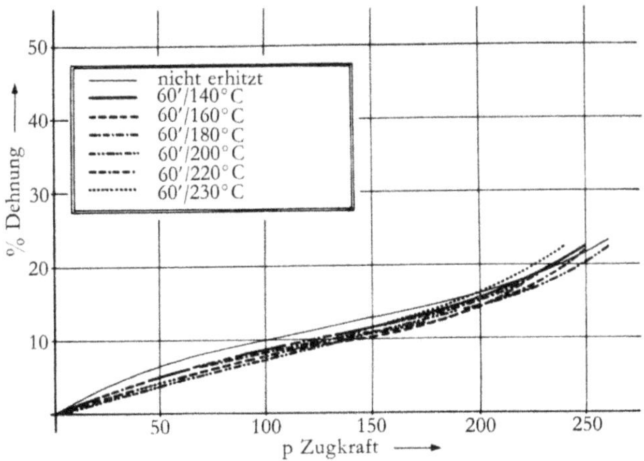


Abb. 3 Kraft-Längenänderungs-Kurven der Nylon-6-Fasern nach der Erhitzung auf unterschiedlich hohe Temperatur

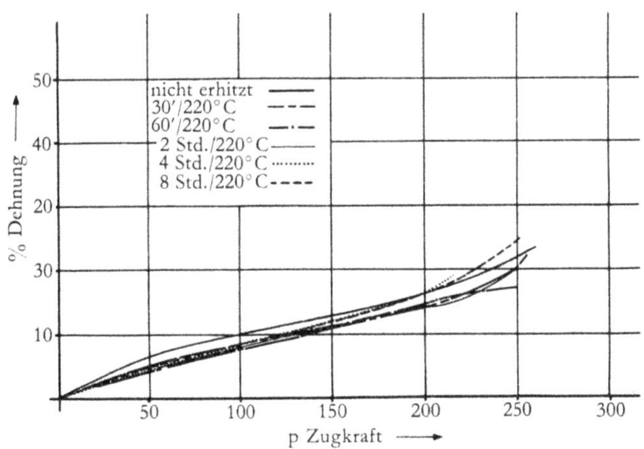


Abb. 4 Kraft-Längenänderungs-Kurven der Nylon-6-Fasern nach der Erhitzung auf 220°C während verschieden langer Zeiten

besondere bei einer Belastung von ca. 50% der Reißkraft sowohl mit steigender Temperatur als auch mit zunehmender Erhitzungszeit die Dehnung abnimmt.
Da durch die Hitzebehandlung keine Änderung im Titer festgestellt werden konnte, wurden in den KL-Kurven die Belastungen nicht in p/den. umgerechnet, da wir lediglich die Kurven gleich dicker Fäden einander gegenüberstellen wollten.

Da die Fäden während der Erhitzung auf einen Glaszylinder aufgewickelt waren und damit nicht schrumpfen konnten, ist es verständlich, daß sich der Titer durch die Erhitzung nicht geändert hat. Die dargestellten KL-Kurven entsprechen denjenigen Polyamidfasern, die einer Hitzefixierung unter Spannung unterzogen wurden [2]. Hierbei muß jedoch berücksichtigt werden, daß derartige Hitzebehandlungen nur kurzzeitig sind. Nach einer Erhitzung von Polyamidfasern in Luft während derart langer Zeiten, wie sie von uns im Vakuum gewählt wurden, besitzen diese Fasern praktisch keine Festigkeit mehr.

### *3.1.2 Änderung der Quellungseigenschaften*

#### 3.1.2.1 Änderung des Wassergehaltes

Die Versuchsergebnisse sind in Tab. 2 zusammengestellt und werden in der Abb. 5 graphisch dargestellt.

*Tab. 2 Wassergehalt von Nylon-6-Fasern nach der Erhitzung im Vakuum bei unterschiedlich hoher Temperatur und während verschieden langer Zeiten bei* 220° C

| Erhitzungs-temperatur in °C | Wassergehalt in % | Erhitzungszeit in Std. | Wassergehalt in % |
|---|---|---|---|
| nicht erhitzt | 2,8 | nicht erhitzt | 2,8 |
| 140 | 2,7 | 0,5 | 2,5 |
| 160 | 2,7 | 1 | 2,4 |
| 180 | 2,6 | 2 | 2,5 |
| 200 | 2,4 | 4 | 2,4 |
| 220 | 2,4 | 8 | 2,4 |
| 230 | 2,5 | | |

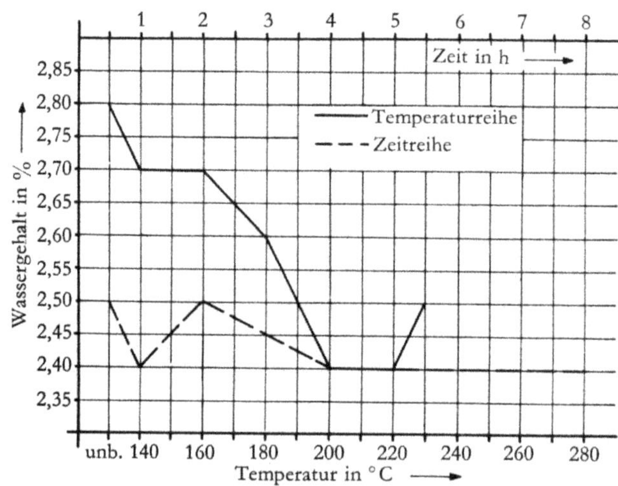


Abb. 5 Veränderung des Wassergehaltes von Nylon-6-Fasern nach der Erhitzung im Vakuum bei unterschiedlich hoher Temperatur und während verschieden langer Zeiten

Ab 180° C ist eine sehr geringe Abnahme des Wassergehaltes festzustellen. Bei der Erhitzung während unterschiedlich langer Zeiten ist keine Änderung im Wassergehalt der Faser zu beobachten.

### 3.1.2.2 Änderung des Wasserrückhaltevermögens

In Tab. 3 werden die Versuchsergebnisse zusammengestellt und in Abb. 6 graphisch dargestellt.

*Tab. 3 Wasserrückhaltevermögen von Nylon-6-Fasern nach der Erhitzung im Vakuum bei unterschiedlich hoher Temperatur und während verschieden langer Zeiten*

| Erhitzungs-temperatur in °C | Wasserrückhalte-vermögen in % | Erhitzungszeit in Std. | Wasserrückhalte-vermögen in % |
|---|---|---|---|
| nicht erhitzt | 12,6 | nicht erhitzt | 9,0 |
| 140 | 11,9 | 0,5 | 9,2 |
| 160 | 12,4 | 1 | 9,0 |
| 180 | 10,2 | 2 | 9,2 |
| 200 | 9,8 | 4 | 9,2 |
| 220 | 9,2 | 8 | 9,0 |
| 230 | 9,0 | | |

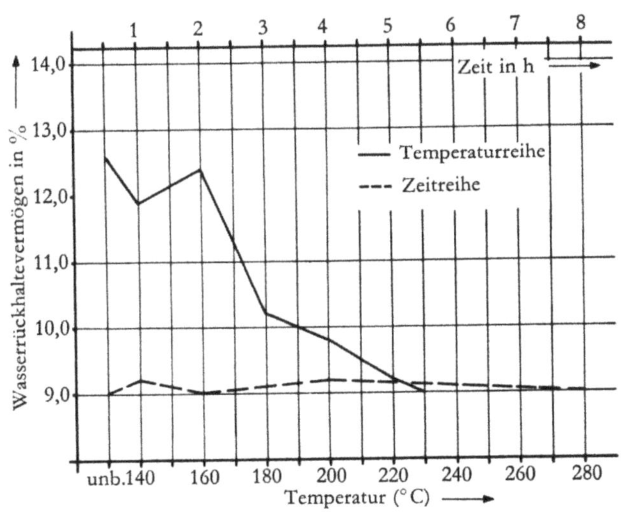


Abb. 6 Veränderung des Wasserrückhaltevermögens von Nylon-6-Fasern nach der Erhitzung im Vakuum bei unterschiedlich hoher Temperatur und während verschieden langer Zeiten

Diese Ergebnisse unterstützen diejenigen zur Veränderung des Wassergehaltes. Es zeigt sich wiederum eine Abnahme des Quellvermögens mit steigender Erhitzungstemperatur, während mit zunehmender Erhitzungszeit sich das Wasserrückhaltevermögen nicht ändert.
Diese Beobachtungen entsprechen denjenigen, wie sie von WIMMERS [3] nach einer kurzzeitigen Trockenhitzefixierung gemacht wurden. Eine merkliche Abnahme des Quellvermögens ist erst ab 180°C festzustellen. Auffallend ist der geringe Einfluß der Erhitzungszeit.

### *3.1.3 Änderung der färberischen Eigenschaften*

#### 3.1.3.1 Färbung mit dem Säurefarbstoff Telonlichtblau B

Die Versuchsergebnisse werden in Tab. 4 zusammengestellt und in Abb. 7 graphisch dargestellt.
Während wir bei der Untersuchung der Quellungseigenschaften feststellten, daß erst ab einer Erhitzungstemperatur von 180°C eine Abnahme des Quellvermögens der Fasern auftritt, so stellt man nunmehr fest, daß bereits ab 140°C mit steigender Erhitzungstemperatur das Farbstoffaufnahmevermögen abnimmt. Weiterhin zeigt sich eine Abnahme des Farbstoffaufnahmevermögens mit zunehmender Erhitzungszeit, die jedoch entschieden geringer ist als die der Temperaturreihe.
Will man diese Ergebnisse mit den im vorausgehenden Abschnitt beschriebenen Quellungsuntersuchungen vergleichen, so muß man berücksichtigen, daß die Farbstoffbestimmung eine entschieden empfindlichere Methode ist als diejenige der Trocknung und des Wasserrückhaltevermögens.
Während WIMMERS [3] bei der Trockenhitzebehandlung erst ab 180°C eine Abnahme des Anfärbevermögens für Säurefarbstoffe beobachten konnte, tritt diese in unserem Falle bereits bei 140°C auf. Da wir jedoch längere Erhitzungszeiten gewählt haben und die Farbstoffaufnahme von der Erhitzungszeit abhängig ist, läßt sich dieser Unterschied erklären.

*Tab. 4 Aufnahmevermögen für Telonlichtblau B von Nylon-6-Fasern nach der Erhitzung im Vakuum bei unterschiedlich hoher Temperatur und während verschieden langer Zeiten*

| Erhitzungs-temperatur in °C | Gehalt Telonlichtblau B in mg/g Faser | Erhitzungszeit in Std. | Gehalt Telonlichtblau B in mg/g Faser |
|---|---|---|---|
| nicht erhitzt | 40,0 | nicht erhitzt | 40,0 |
| 140 | 39,3 | 0,5 | 26,3 |
| 160 | 38,0 | 1 | 25,8 |
| 180 | 35,8 | 2 | 23,8 |
| 200 | 31,3 | 4 | 22,3 |
| 220 | 25,8 | 8 | 21,8 |
| 230 | 25,8 | | |

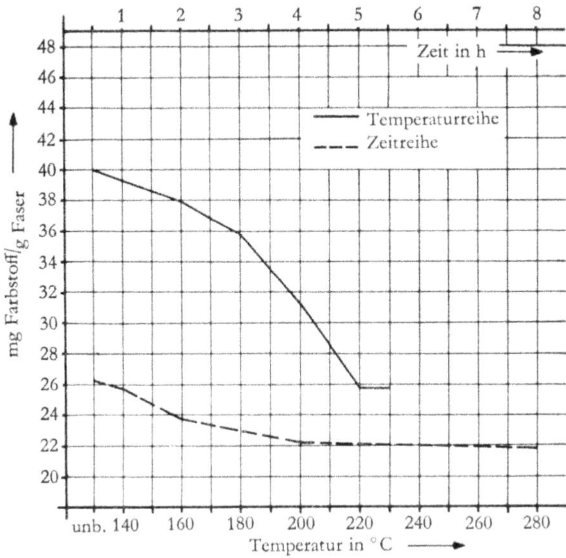


Abb. 7 Veränderung des Aufnahmevermögens für Telonlichtblau B von Nylon-6-Fasern nach der Erhitzung im Vakuum bei unterschiedlich hoher Temperatur und während verschieden langer Zeiten

3.1.3.2 Färbung mit dem Dispersionsfarbstoff Cellitonechtblau B

Tab. 5 zeigt die Versuchsergebnisse, die in Abb. 8 graphisch dargestellt sind. Das Verhalten des Dispersionsfarbstoffes ist sehr ähnlich demjenigen des Säurefarbstoffs, obwohl die Färbemechanismen verschieden sind. Auch in diesem Falle nimmt die Farbstoffaufnahme erheblich mit steigender Erhitzungstemperatur ab. Mit zunehmender Erhitzungszeit ist ebenfalls eine geringfügige Abnahme des

*Tab. 5 Aufnahmevermögen für Cellitonechtblau B von Nylon-6-Fasern nach der Erhitzung im Vakuum bei unterschiedlicher hoher Temperatur und während verschieden langer Zeiten*

| Erhitzungs-temperatur in °C | Gehalt Cellitonechtblau B in mg/g Faser | Erhitzungszeit in Std. | Gehalt Cellitonechtblau B in mg/g Faser |
|---|---|---|---|
| nicht erhitzt | 49,8 | nicht erhitzt | 49,8 |
| 140 | 47,5 | 0,5 | 27,0 |
| 160 | 46,0 | 1 | 26,5 |
| 180 | 41,3 | 2 | 25,3 |
| 200 | 34,8 | 4 | 24,5 |
| 220 | 26,5 | 8 | 24,0 |
| 230 | 25,3 | | |

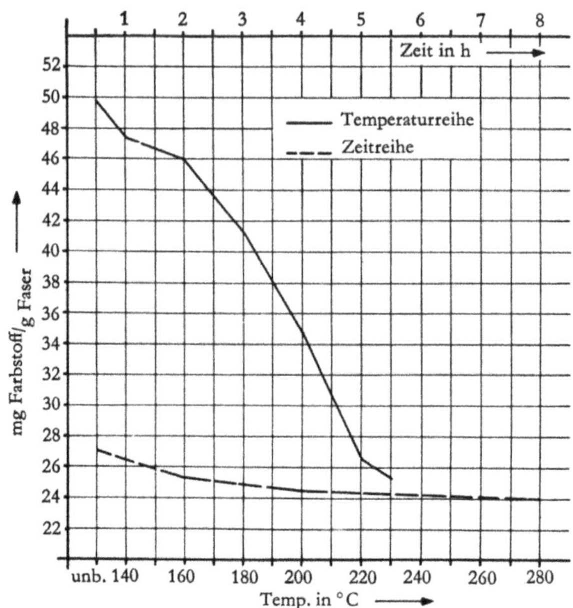


Abb. 8 Veränderung des Aufnahmevermögens für Cellitonechtblau B von Nylon-6-Fasern nach der Erhitzung im Vakuum bei unterschiedlich hoher Temperatur und während verschieden langer Zeiten

Farbstoffaufnahmevermögens festzustellen. Dieses Verhalten ist wiederum sehr ähnlich demjenigen nach einer kurzzeitigen Fixierung in Luft.

### *3.1.4 Vergilbung der Fasern*

Wir hatten bereits in der Einleitung ausgeführt, daß ein großer Nachteil der Erhitzung der Synthesefasern auf ihrer Vergilbung beruht. Somit war es von Bedeutung, im Rahmen dieser Untersuchungen auch diese Eigenschaft der Fasern zu prüfen.

In der Tab. 6 wird der Weißgehalt der unterschiedlich erhitzten Fasern angegeben und in der Abb. 9 graphisch dargestellt.

Die Versuchsergebnisse zeigen, daß mit steigender Erhitzungstemperatur sowie mit zunehmender Erhitzungszeit – jedoch in weit geringerem Maße – der Weißgehalt der Fasern abnimmt. Man könnte demnach sagen, daß auch bei der Erhitzung im Vakuum die Verfärbung der Polyamidfasern nicht vermieden werden kann. Hierbei muß berücksichtigt werden, daß die von uns untersuchten Fasern nach einer Erhitzung im Trockenschrank in Luft bei 140°C während 1 Std. derartig vergilbt sind, daß die Berechnung des Weißgehaltes nach Stephanson negative Werte ergibt, d. h. die Remission der Fasern im langwelligen Bereich größer ist als die zweifache Remission im kurzwelligen Gebiet.

*Tab. 6 Weißgehalt von Nylon-6-Fasern nach der Erhitzung im Vakuum bei unterschiedlich hoher Temperatur und während verschieden langer Zeiten*

| Erhitzungs-temperatur in °C | Weißgehalt in % | Erhitzungszeit in Std. | Weißgehalt in % |
|---|---|---|---|
| nicht erhitzt | 72,3 | nicht erhitzt | 72,3 |
| 140 | 68,0 | 0,5 | 58,0 |
| 160 | 65,5 | 1 | 56,8 |
| 180 | 64,2 | 2 | 57,2 |
| 200 | 63,7 | 4 | 44,0 |
| 220 | 56,8 | 8 | 44,0 |
| 230 | 50,4 | | |

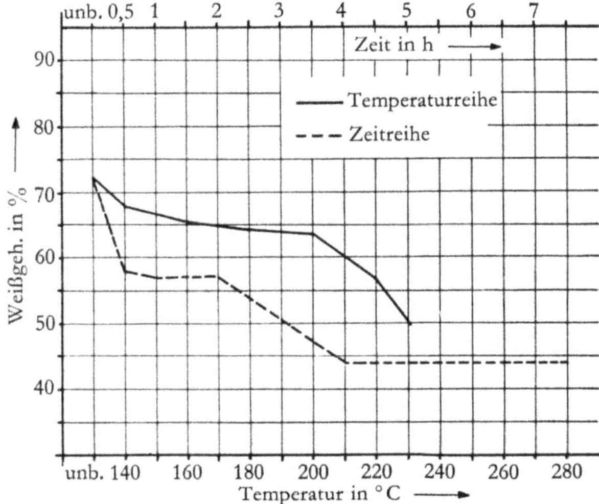


Abb. 9 Veränderung des Weißgehaltes von Nylon-6-Fasern nach der Erhitzung im Vakuum bei unterschiedlich hoher Temperatur und während verschieden langer Zeiten

## 3.2 Veränderung der Polyacrylnitrilfasern

### *3.2.1 Änderung der technologischen Eigenschaften*

Die Versuchsergebnisse sind in Tab. 7 zusammengestellt und in Abb. 10 graphisch dargestellt.

Die Werte zeigen, daß ab 180°C die Reißkraft und damit verbunden die Reißdehnung mit steigender Erhitzungstemperatur abnimmt. Insbesondere nach einer Erhitzung auf 240°C ist der Festigkeitsverlust am ausgeprägtesten.

*Tab. 7 Reißkraft und Reißdehnung von Polyacrylnitrilfasern nach der Erhitzung im Vakuum bei unterschiedlich hoher Temperatur*

| Erhitzungstemperatur in °C | Reißkraft in p | Reißdehnung in % |
|---|---|---|
| nicht erhitzt | 460 | 27 |
| 140 | 466 | 25 |
| 160 | 462 | 23 |
| 180 | 431 | 20 |
| 200 | 428 | 20 |
| 220 | 415 | 20 |
| 240 | 365 | 17 |

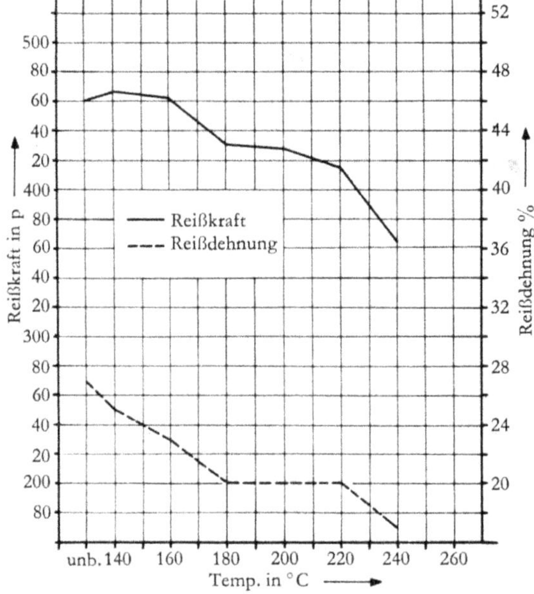


Abb. 10 Veränderung der Reißkraft und Reißdehnung von Polyacrylnitrilfasern nach der Erhitzung im Vakuum bei unterschiedlich hoher Temperatur

Weiterhin stellt man fest, daß die gesamte Kraft-Längenänderungs-Kurve der Polyacrylnitrilfasern durch die Erhitzung verändert wird, wie aus Abb. 11 hervorgeht.

Im Gegensatz zu den Polyamidfasern entspricht diese Änderung der Reißkraft der Polyacrylnitrilfasern derjenigen nach einer entsprechenden Erhitzung in Luft. Die Abnahme der Dehnung beruht wiederum darauf, daß die Erhitzung ohne freie Schrumpfmöglichkeit der Fasern durchgeführt wurde [4].

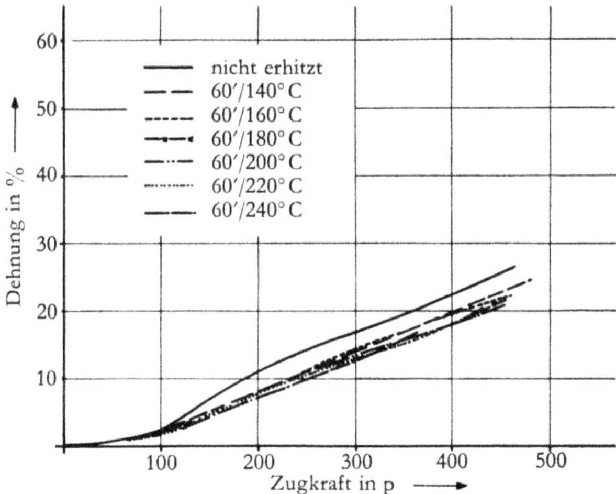


Abb. 11 Kraft-Längenänderungs-Kurve der Polyacrylnitrilfasern nach der Erhitzung auf unterschiedlich hohe Temperatur

### *3.2.2 Änderung der Quellungseigenschaften*

In der Tab. 8 sind der Wassergehalt sowie das Wasserrückhaltevermögen der unterschiedlich erhitzten Polyacrylnitrilfasern zusammengestellt. Die Versuchsergebnisse zeigen, daß der Wassergehalt der Proben mit steigender Erhitzungstemperatur abnimmt, wie es auch bei der Erhitzung in Luft festzustellen ist [4]. Eine Ausnahme bildet die auf 240° C erhitzte Probe, deren Wassergehalt wiederum erheblich zugenommen hat.
Bei der Bestimmung des Wasserrückhaltevermögens stellt man im Gegensatz zum Wassergehalt keine Abnahme des Quellvermögens fest.

*Tab. 8 Wassergehalt und Wasserrückhaltevermögen von Polyacrylnitrilfasern nach der Erhitzung im Vakuum bei unterschiedlich hoher Temperatur*

| Erhitzungstemperatur in °C | Wassergehalt in % | Wasserrückhaltevermögen in % |
|---|---|---|
| nicht erhitzt | 1,2 | 6,4 |
| 140 | 0,7 | 7,0 |
| 160 | 0,8 | 7,2 |
| 180 | 0,6 | 7,0 |
| 200 | 0,6 | 7,1 |
| 220 | 0,6 | 6,9 |
| 240 | 1,0 | 6,8 |

### *3.2.3 Änderung der färberischen Eigenschaften*

Polyacrylnitrilfasern werden bekanntlich mit Dispersionsfarbstoffen und basischen Farbstoffen gefärbt, und wir haben daher die Färbung der erhitzten Fasern mit jeweils einem Vertreter dieser Farbstoffklasse vorgenommen. Die Ergebnisse werden in Tab. 9 zusammengefaßt und in der Abb. 12 graphisch dargestellt.

*Tab. 9 Aufnahmevermögen für Basacrylblau GL und Cellitonechtblau B von Polyacrylnitrilfasern nach der Erhitzung im Vakuum bei unterschiedlich hoher Temperatur*

| Erhitzungstemperatur in °C | Gehalt Basacrylblau GL in mg/g Faser | Gehalt Cellitonechtblau B in mg/g Faser |
|---|---|---|
| nicht erhitzt | 90,0 | 8,2 |
| 140 | 88,6 | 8,6 |
| 160 | 85,8 | 8,2 |
| 180 | 74,5 | 7,7 |
| 200 | 67,8 | 7,4 |

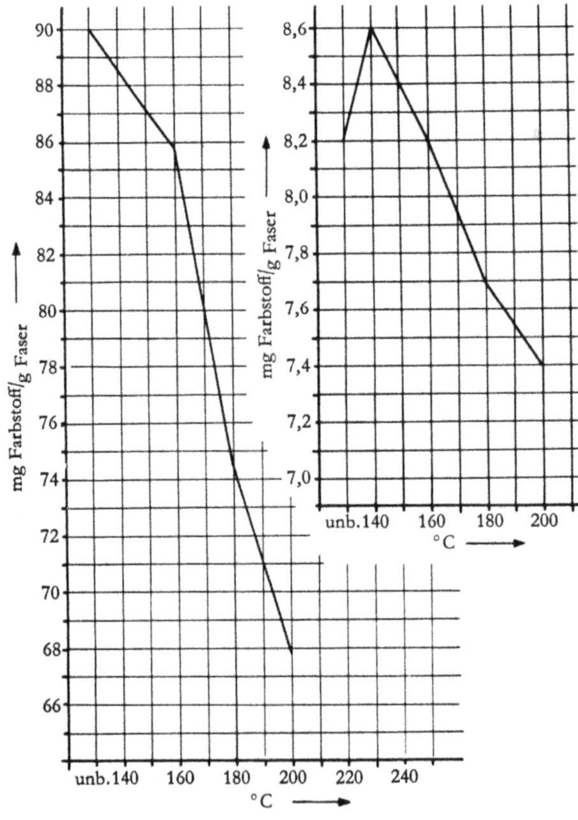


Abb. 12 Veränderung des Aufnahmevermögens für Basacrylblau GL und Cellitonechtblau B von Polyacrylnitrilfasern nach der Erhitzung im Vakuum bei unterschiedlich hoher Temperatur

Es zeigt sich, daß mit steigender Erhitzungstemperatur für beide Farbstoffe das Aufnahmevermögen abnimmt. Eine Ausnahme bildet die auf 140°C erhitzte Probe, hier stellt man nach der Färbung mit Cellitonechtblau B eine geringe Zunahme des Farbstoffaufnahmevermögens gegenüber dem nicht erhitzten Material fest. Eine Erklärung für dieses Verhalten können wir zur Zeit noch nicht geben. Die färberischen Eigenschaften der Fasern konnten lediglich bis zu einer Erhitzungstemperatur von 200°C untersucht werden, da bei höherer Erhitzung eine zunehmende Vergilbung auftritt, die eine einwandfreie Farbstoffbestimmung nicht mehr erlaubt.

### *3.2.4 Vergilbung der Fasern*

Es ist bekannt, daß im Gegensatz zu den Polyamidfasern die Polyacrylnitrilfasern auch bei Abwesenheit von Sauerstoff erheblich vergilben [5]. Diese Tatsache ist auch bei unseren Untersuchungen zu beobachten, wobei schon nach einer Erhitzung auf 140°C eine Verfärbung festzustellen ist, die nach der Erhitzung auf 200°C derartig zugenommen hat, daß eine Berechnung des Weißgehaltes nach der Stephansonschen Formel negative Ergebnisse ergibt, da die Remission im langwelligen Bereich erheblich höher liegt als im kurzwelligen Gebiet. Es wird daher bei der Zusammenstellung der Ergebnisse in Tab. 10 nur der Weißgehalt der Proben bis zu einer Erhitzungstemperatur von 180°C angegeben. Weiterhin kam hinzu, daß das Material, das über 180°C erhitzt wurde, eine erhebliche Photosensibilität zeigte und dadurch eine einwandfreie Messung der Verfärbung nicht mehr möglich war. Diese Erscheinung der Photosensibilität, d. h. weitere Vergilbung des Materials bei Belichtung, wurde auch von anderen Autoren an Materialien beobachtet, die an Luft oder in Stickstoff ohne Lichtzutritt erhitzt wurden [6].

*Tab. 10 Weißgehalt von Polyacrylnitrilfasern nach der Erhitzung im Vakuum bei unterschiedlich hoher Temperatur*

| Erhitzungstemperatur in °C | Weißgehalt in % |
|---|---|
| nicht erhitzt | 39,5 |
| 140 | 29,5 |
| 160 | 21,3 |
| 180 | 4,7 |

## 3.3 Veränderung der Polyesterfasern

### *3.3.1 Änderung der technologischen Eigenschaften*

Die Versuchsergebnisse sind in Tab. 11 zusammengefaßt und werden in Abb. 13 graphisch dargestellt.

*Tab. 11 Reißkraft und Reißdehnung von Polyesterfasern nach der Erhitzung im Vakuum bei unterschiedlich hoher Temperatur und während verschieden langer Zeiten bei 220° C*

| Erhitzungs-temperatur in °C | Reiß-kraft in p | Reiß-dehnung in % | Erhitzungs-zeit in Std. | Reiß-kraft in p | Reiß-dehnung in % |
|---|---|---|---|---|---|
| nicht erhitzt | 221 | 31 | nicht erhitzt | 221 | 31 |
| 140 | 219 | 29 | 0,5 | 219 | 21 |
| 160 | 221 | 30 | 1 | 219 | 21 |
| 180 | 220 | 28 | 2 | 213 | 26 |
| 200 | 220 | 24 | 4 | 196 | 24 |
| 220 | 232 | 29 | 8 | 177 | 24 |
| 240 | 184 | 25 | | | |
| 260 | 87 | 9 | | | |

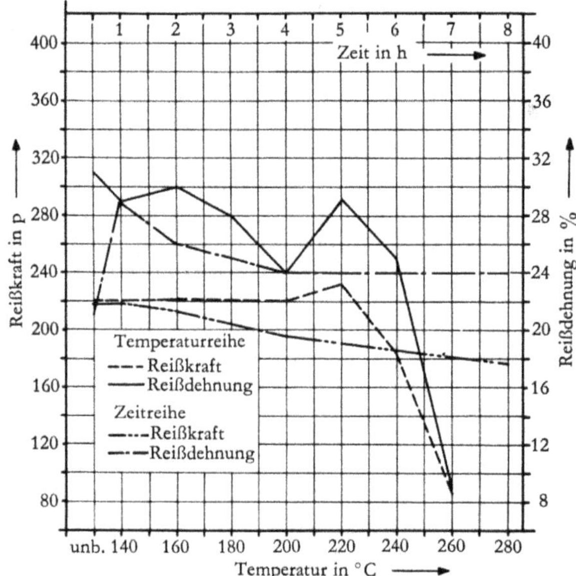


Abb. 13 Veränderung der Reißkraft und Reißdehnung von Polyesterfasern nach der Erhitzung im Vakuum bei unterschiedlich hoher Temperatur und während verschieden langer Zeiten bei 220° C

Die Versuchsergebnisse zeigen, daß bis zu einer Erhitzungstemperatur von 220° C und einer Erhitzungszeit von 2 Std. kein Festigkeitsverlust auftritt. Ab 240° C und 4 Std. Erhitzungszeit bei 220° C nimmt die Festigkeit und damit verbunden die Reißdehnung ab. Der hohe Reißkraftabfall nach der Erhitzung auf 260° C läßt sich damit erklären, daß die Fasern bereits einige Schmelzstellen aufweisen.

Insgesamt läßt sich sagen, daß die Polyesterfasern gegenüber einer Erhitzung im Vakuum empfindlicher sind als die Polyamidfasern.
Die Änderung der Kraft-Längenänderungs-Kurven, die in den Abb. 14 und 15 dargestellt ist, ist jedoch ähnlich derjenigen bei Polyamidfasern.

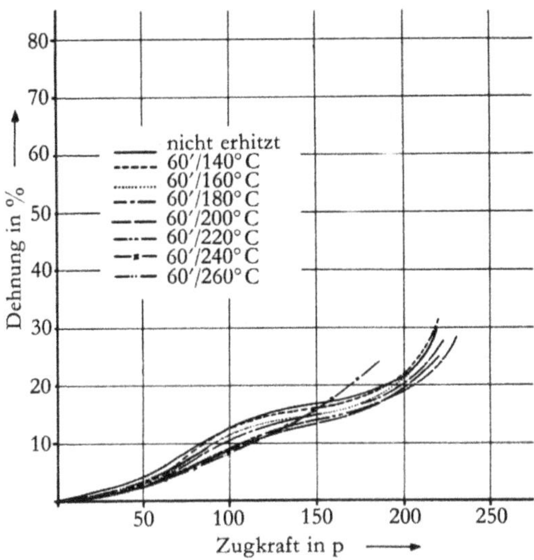


Abb. 14 Kraft-Längenänderungs-Kurven der Polyesterfasern nach der Erhitzung im Vakuum bei unterschiedlich hohen Temperaturen

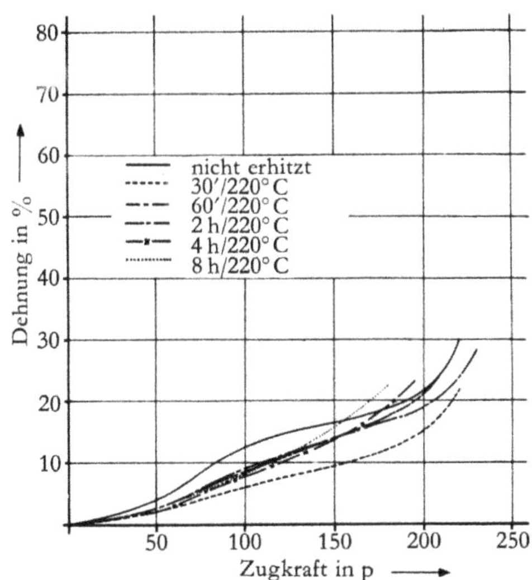


Abb. 15 Kraft-Längenänderungs-Kurven der Polyesterfasern nach der Erhitzung auf 220° C im Vakuum während verschieden langer Zeiten

### *3.3.2 Änderung der Quellungseigenschaften*

3.3.2.1 Änderung des Wassergehaltes

Die Versuchsergebnisse sind in Tab. 12 zusammengefaßt und werden in Abb. 16 graphisch dargestellt.

*Tab. 12 Wassergehalt von Polyesterfasern nach der Erhitzung im Vakuum bei unterschiedlich hoher Temperatur und während verschieden langer Zeiten bei 220° C*

| Erhitzungs-temperatur in °C | Wassergehalt in % | Erhitzungszeit in Std. | Wassergehalt in % |
|---|---|---|---|
| nicht erhitzt | 0,4 | nicht erhitzt | 0,4 |
| 140 | 0,3 | 0,5 | 0,3 |
| 160 | 0,2 | 1 | 0,2 |
| 180 | 0,2 | 2 | 0,3 |
| 200 | 0,1 | 4 | 0,3 |
| 220 | 0,2 | 8 | 0,3 |
| 240 | 0,3 | | |
| 260 | 0,2 | | |

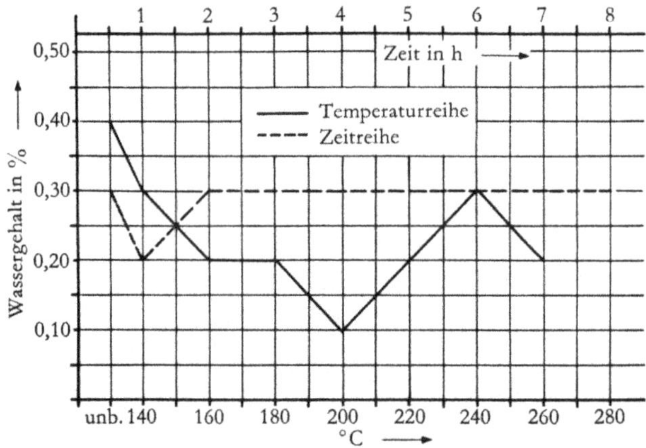


Abb. 16 Veränderung des Wassergehaltes von Polyesterfasern nach der Erhitzung im Vakuum bei unterschiedlich hoher Temperatur und während verschieden langer Zeiten bei 220° C

Die Untersuchungsergebnisse deuten darauf hin, daß mit zunehmender Erhitzung der Wassergehalt bis zu einer Erhitzungstemperatur von 200° C zunächst abnimmt, um dann wieder zuzunehmen. Bei der Zeitreihe ist praktisch keine Abhängigkeit des Wassergehaltes von der Erhitzungszeit festzustellen. Die Absolutwerte der Wasseraufnahme sind jedoch zu klein, um eindeutige Aussagen machen zu können.

3.3.2.2 Änderung des Wasserrückhaltevermögens

Die Versuchsergebnisse sind in Tab. 13 zusammengestellt und werden in Abb. 17 graphisch dargestellt. Aus der graphischen Darstellung kann man entnehmen, daß das Quellvermögen der Fasern nach einer Erhitzung auf 240° C und nach einer Erhitzungszeit von 4 Std. bei 220° C zunimmt. Eine primäre Abnahme des Wasserrückhaltevermögens, wie sie bei der Bestimmung des Wassergehaltes gefunden werden konnte, ist nicht zu beobachten. Hierbei ist jedoch wiederum zu berücksichtigen, daß die Absolutwerte sehr niedrig liegen und damit feine Unterschiede in den Quellungseigenschaften der Fasern nicht zu erfassen sind.

*Tab. 13 Wasserrückhaltevermögen von Polyesterfasern nach der Erhitzung im Vakuum bei unterschiedlich hoher Temperatur und während verschieden langer Zeiten bei* 220° C

| Erhitzungs-temperatur in °C | Wasserrückhalte-vermögen in % | Erhitzungszeit in Std. | Wasserrückhalte-vermögen in % |
|---|---|---|---|
| nicht erhitzt | 3,3 | nicht erhitzt | 3,3 |
| 140 | 3,3 | 0,5 | 3,4 |
| 160 | 3,3 | 1 | 3,3 |
| 180 | 3,4 | 2 | 3,5 |
| 200 | 3,3 | 4 | 4,0 |
| 220 | 3,3 | 8 | 4,0 |
| 240 | 3,9 | | |
| 260 | 5,1 | | |

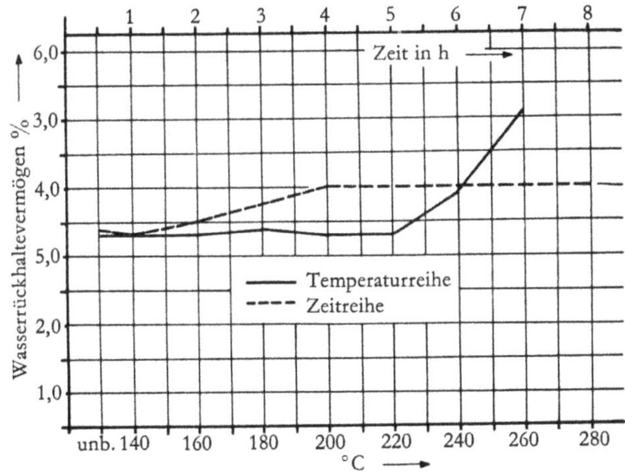


Abb. 17 Veränderung des Wasserrückhaltevermögens von Polyesterfasern nach der Erhitzung im Vakuum bei unterschiedlicher Temperatur und während verschieden langer Zeiten bei 220° C

### *3.3.3 Änderung der färberischen Eigenschaften*

Auf Grund der Änderung der Quellungseigenschaften war zu erwarten, daß sich auch die Anfärbbarkeit mit einem Dispersionsfarbstoff durch die Hitzebehandlung verändert. Das Farbstoffaufnahmevermögen für Cellitonechtblau B der unterschiedlich erhitzten Proben ist aus Tab. 14 zu ersehen. Die Veränderung des Aufnahmevermögens der unterschiedlich hoch und verschieden lange erhitzten Proben wird in Abb. 18 graphisch dargestellt.

*Tab. 14 Aufnahmevermögen für Cellitonechtblau B von Polyesterfasern nach der Erhitzung im Vakuum bei unterschiedlich hoher Temperatur und während verschieden langer Zeiten bei* 220° C

| Erhitzungs-temperatur in °C | Gehalt Cellitonechtblau B in mg/g Faser | Erhitzungszeit in Std. | Gehalt Cellitonechtblau B in mg/g Faser |
|---|---|---|---|
| nicht erhitzt | 34,3 | nicht erhitzt | 34,3 |
| 140 | 29,8 | 0,5 | 21,0 |
| 160 | 23,5 | 1 | 21,3 |
| 180 | 19,5 | 2 | 22,3 |
| 200 | 20,5 | 4 | 22,5 |
| 220 | 21,3 | 8 | 23,5 |
| 240 | 30,5 | | |
| 260 | 48,8 | | |

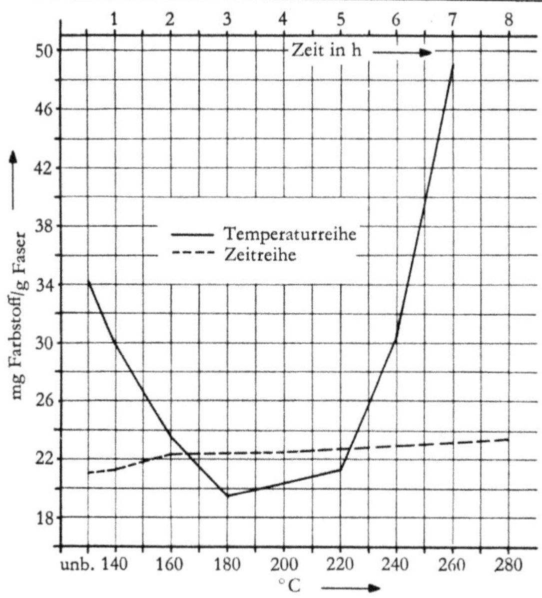


Abb. 18 Veränderung des Aufnahmevermögens für Cellitonechtblau B von Polyesterfasern nach der Erhitzung im Vakuum bei unterschiedlich hoher Temperatur und während verschieden langer Zeiten bei 220° C

Die Versuchsergebnisse zeigen, daß das Farbstoffaufnahmevermögen bis zu einer Erhitzungstemperatur von 180°C abnimmt, um dann wieder anzusteigen und nach einer Erhitzung von über 240°C ein höheres Aufnahmevermögen als das Ausgangsmaterial zu besitzen. Hierbei ist zu berücksichtigen, daß die auf 260°C erhitzte Faser bereits sehr geschädigt ist. Bei der Zeitreihe stellt man fest, daß mit zunehmender Erhitzungszeit das Farbstoffaufnahmevermögen zunimmt, den Wert des Ausgangsmaterials aber nicht erreicht. Diese Ergebnisse befinden sich in Übereinstimmung mit der Wasserabsorption der Faser, wo wir analoge Veränderungen feststellen konnten. Die primäre Abnahme und bei weiterer Temperatursteigerung eine Zunahme des Farbstoffaufnahmevermögens stellt man bei Polyesterfasern auch nach der Erhitzung während kurzer Zeit in Luft fest [7].

### *3.3.4 Vergilbung der Fasern*

Die Versuchsergebnisse werden in Tab. 15 zusammengefaßt und in Abb. 19 graphisch dargestellt.

*Tab. 15 Weißgehalt von Polyesterfasern nach der Erhitzung im Vakuum bei unterschiedlich hoher Temperatur und während verschieden langer Zeiten bei* 220°C

| Erhitzungs-temperatur in °C | Weißgehalt in % | Erhitzungszeit in Std. | Weißgehalt in % |
|---|---|---|---|
| nicht erhitzt | 71,0 | nicht erhitzt | 71,0 |
| 140 | 69,9 | 0,5 | 62,0 |
| 160 | 68,1 | 1 | 61,8 |
| 180 | 67,4 | 2 | 61,4 |
| 200 | 66,8 | 4 | 60,5 |
| 220 | 65,7 | 8 | 56,2 |
| 240 | 63,3 | | |
| 260 | 61,4 | | |

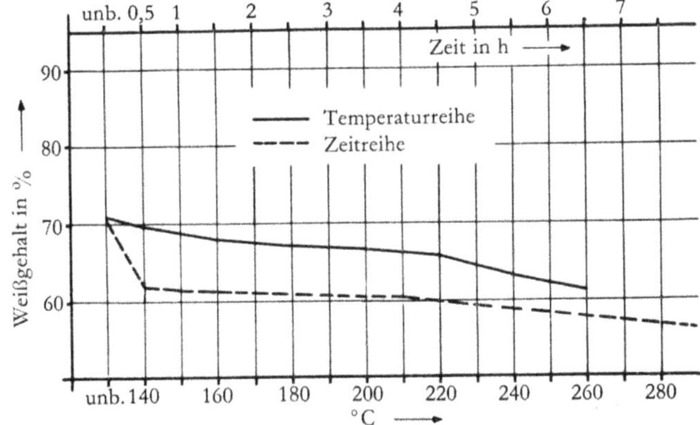


Abb. 19 Veränderung des Weißgehaltes von Polyesterfasern nach der Erhitzung im Vakuum bei unterschiedlich hoher Temperatur und während verschieden langer Zeiten bei 220°C

Die Untersuchungsergebnisse zeigen, daß die Vergilbung der Fasern gering und schwächer als diejenige der Polyamidfasern ist.

### *3.3.5 Flüchtige Produkte*

Es wurde bereits in dem Abschnitt zur Versuchsdurchführung darauf hingewiesen, daß wir zwischen Erhitzungsgefäß und Pumpstand eine Kühlfalle eingebaut hatten, um eventuell auftretende flüchtige Produkte aufzufangen. Wir konnten jedoch in keinem Falle die Abscheidung irgendwelcher Stoffe beobachten. Im Gegensatz zu allen übrigen in diesem Versuchsprogramm untersuchten Fasern stellten wir bei der Erhitzung der Polyesterfasern bei einer Erhitzung auf 180°C und darüber eine farblose Substanz fest, die sich an der äußeren Zylinderwand des Erhitzungsgefäßes abschied. Das mikroskopische Bild dieser Substanzen änderte sich je nach der Erhitzungstemperatur der Fasern. In den Abb. 19–23 werden die Mikroaufnahmen der nach unterschiedlich hoher Erhitzung isolierten Substanzen dargestellt. Eine Aufklärung der Konstitution dieser Verbindungen liegt noch nicht vor. Orientierende ultrarot-spektroskopische Untersuchungen deuten darauf hin, daß es sich um Oligomere des Polyäthylenterephthalats handelt. Über diese Untersuchungen soll an anderer Stelle ausführlich berichtet werden.

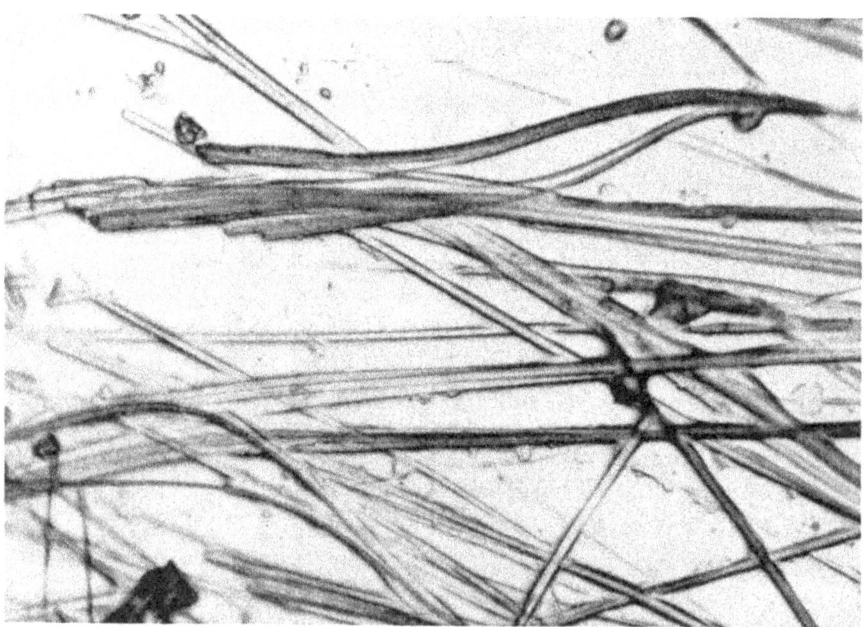

Abb. 20 Flüchtige Produkte bei der Erhitzung der Polyesterfasern auf 180°C

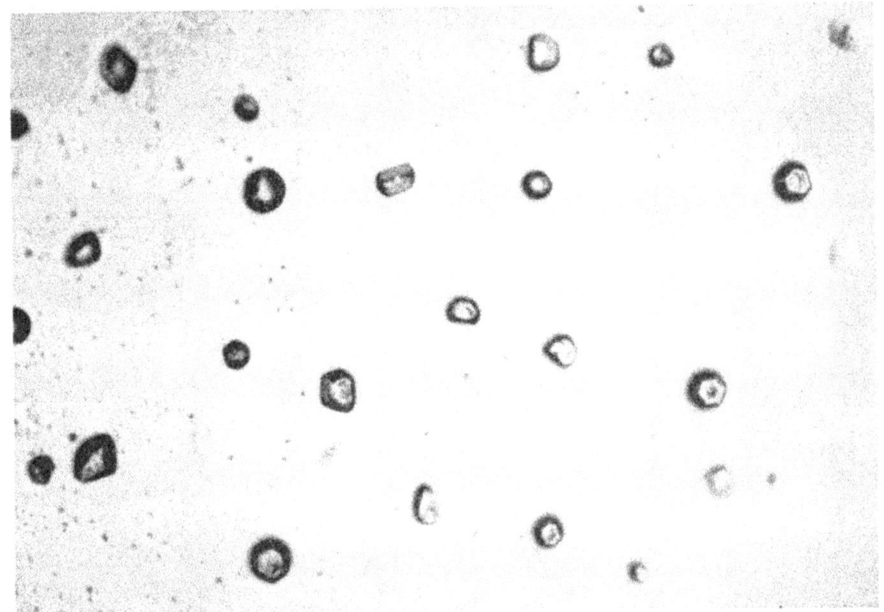

Abb. 21 Flüchtige Produkte bei der Erhitzung der Polyesterfasern auf 200° C

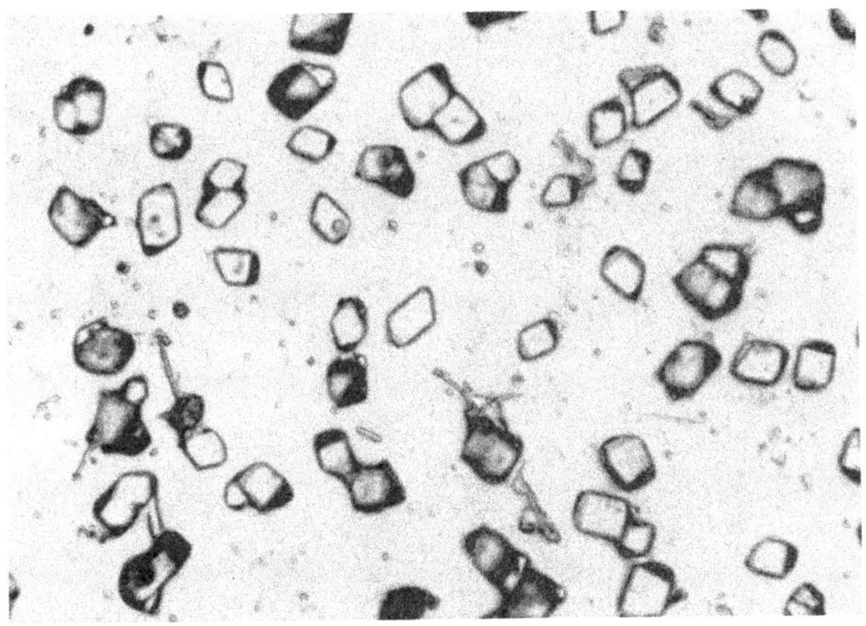

Abb. 22 Flüchtige Produkte bei der Erhitzung der Polyesterfasern auf 220° C

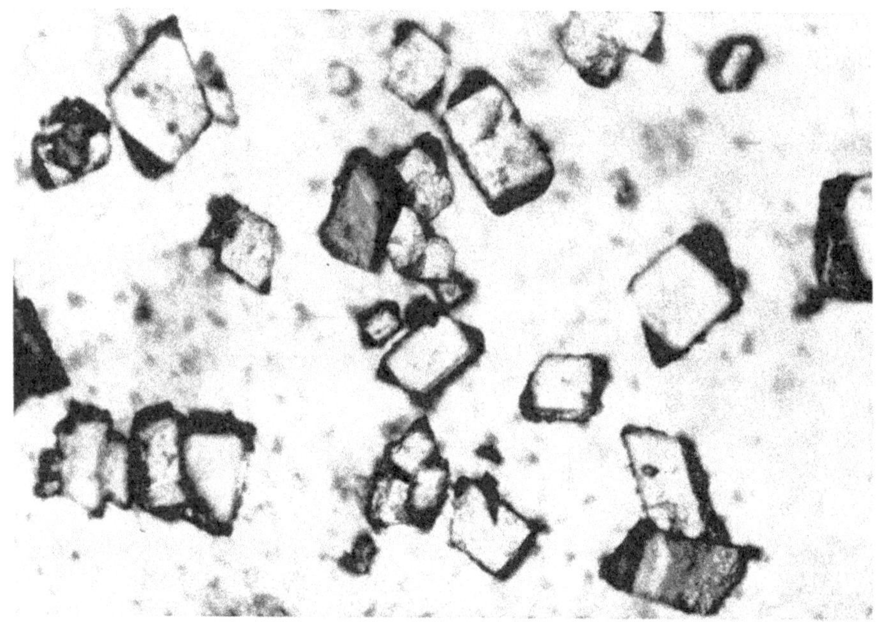

Abb. 23 Flüchtige Produkte bei der Erhitzung der Polyesterfasern auf 240° C

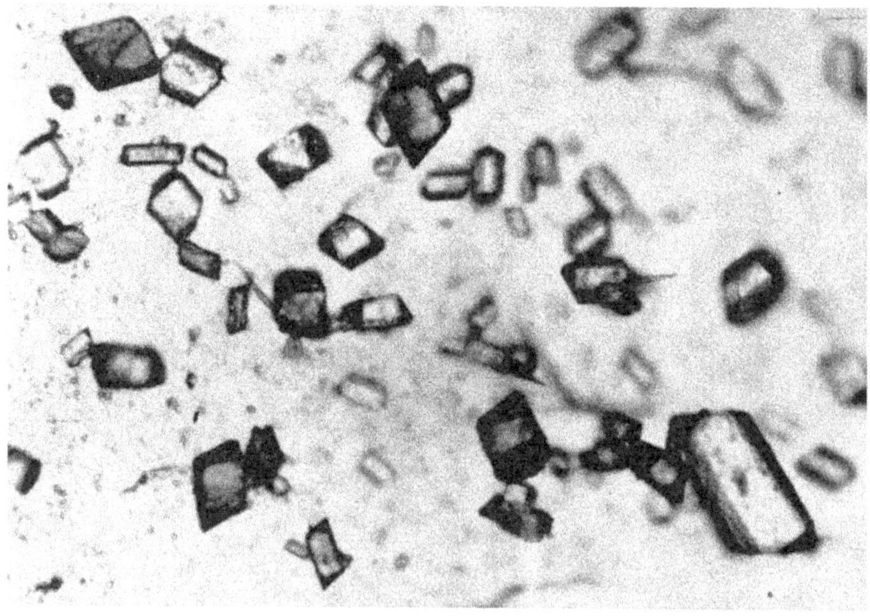

Abb. 24 Flüchtige Produkte bei der Erhitzung der Polyesterfasern auf 260° C

## 3.4 Veränderung der Polypropylenfasern

### *3.4.1 Änderung der technologischen Eigenschaften*

Die Änderung der Reißkraft und Reißdehnung der Fasern durch die Erhitzung ist in Tab. 16 wiedergegeben und wird in Abb. 25 graphisch dargestellt.

*Tab. 16 Reißkraft und Reißdehnung von Polypropylenfasern nach der Erhitzung im Vakuum bei unterschiedlich hoher Temperatur*

| Erhitzungstemperatur in °C | Reißkraft in p | Reißdehnung in % |
|---|---|---|
| nicht erhitzt | 321 | 28 |
| 140 | 369 | 27 |
| 160 | 342 | 28 |
| 180 | 344 | 48 |
| 190 | 259 | 61 |

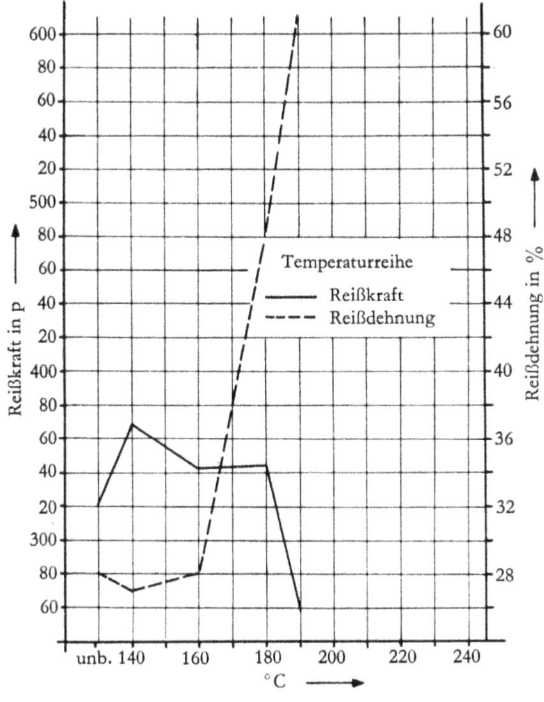


Abb. 25 Veränderung der Reißkraft und Reißdehnung von Polypropylenfasern nach der Erhitzung im Vakuum bei unterschiedlich hoher Temperatur

Die Änderung der technologischen Eigenschaften der Polypropylenfasern durch die Erhitzung im Vakuum ist überraschend und in jeder Beziehung abweichend von derjenigen der übrigen Fasern. Zunächst stellt man fest, daß die Reißkraft nach der Erhitzung auf 140° C geringfügig zunimmt, um nach einer Erhitzung auf 190° C um ca. 20% unter die Festigkeit des Ausgangsmaterials abzusinken. Auffallend ist der starke Anstieg der Reißdehnung nach der Erhitzung auf 180° C und 190° C. Die Erhitzung von 190° C bedingt praktisch einen Anstieg der Dehnung um 100%.

In der Abb. 26 werden die Kraft-Längenänderungs-Kurven der unterschiedlich erhitzten Proben dargestellt.

Da auf Grund der Erhitzungsmethode keine Schrumpfung des Fasermaterials möglich war, interessierte uns, inwieweit die erhöhten Dehnungseigenschaften der erhitzten Fasern elastisch waren. Das Verhältnis der bleibenden zur elastischen Längenänderung der Fasern wird in Abb. 27 dargestellt.

Aus dieser Darstellung ersieht man, daß der überwiegende Teil der Dehnung reversibel ist.

Der Elastizitätsgrad bei ca. 50% der mittleren Reißkraft ergab für die unterschiedlich erhitzten Fasern die folgenden Werte.

| | |
|---|---|
| nicht erhitzt: | 92,7% |
| erhitzt auf 180° C: | 95,5% |
| erhitzt auf 190° C: | 94,4% |

Die Untersuchungen haben also gezeigt, daß durch die Erhitzung der Polypropylenfasern im Vakuum die Dehnungseigenschaften dieses Fasertyps erheblich verändert werden können.

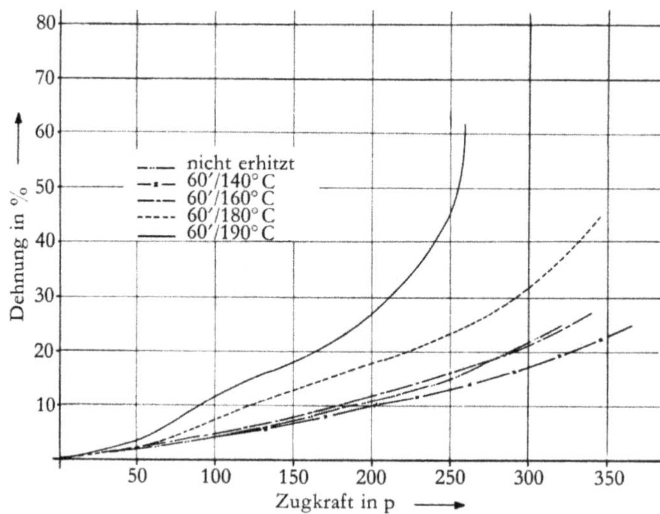


Abb. 26 Kraft-Längenänderungs-Kurven der Polypropylenfasern nach der Erhitzung im Vakuum bei unterschiedlich hoher Temperatur

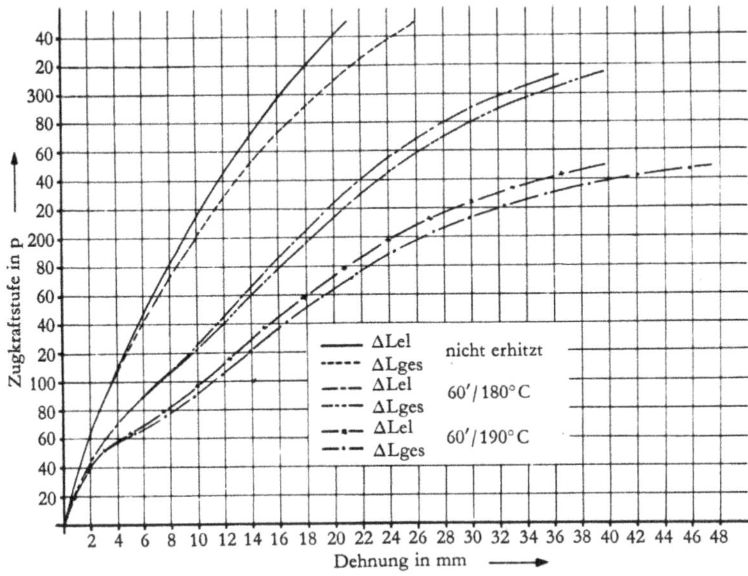


Abb. 27 Elastische und bleibende Längenänderung durch Belastung der nicht erhitzten sowie der auf 180 und 190° C erhitzten Polypropylenfasern

### *3.4.2 Änderung der Quellungseigenschaften*

Die Versuchsergebnisse sind in Tab. 17 zusammengestellt.

*Tab. 17 Wassergehalt und Wasserrückhaltevermögen von Polypropylenfasern nach der Erhitzung im Vakuum bei unterschiedlich hoher Temperatur*

| Erhitzungstemperatur in °C | Wassergehalt in % | Wasserrückhaltevermögen in % |
|---|---|---|
| nicht erhitzt | 0,1 | 3,9 |
| 140 | 0,1 | 1,6 |
| 160 | 0,2 | 1,5 |
| 180 | 0,1 | 3,3 |
| 190 | 0,2 | 3,1 |

Auf Grund der geringen Quellbarkeit der Polypropylenfasern ist es analog den Polyesterfasern sehr schwierig, eindeutige Aussagen zu machen. Die Bestimmung des Wasserrückhaltevermögens deutet darauf hin, daß die Quellbarkeit mit steigender Temperatur bis 160° C abnimmt, um dann bei weiterer Temperaturerhöhung wieder zuzunehmen.

### *3.4.3 Änderung der färberischen Eigenschaften*

Die Färbung von Polypropylenfasern ist bekanntlich mit großen Schwierigkeiten verbunden, begründet durch das geringe Farbstoffaufnahmevermögen dieses Fasertyps. Da es sich bei den von uns untersuchten Fasern um reines Polypropylen ohne jegliche Zusätze handelte, haben wir die Färbung mit dem Dispersionsfarbstoff Cellitonechtblau B vorgenommen. Die Ergebnisse werden in Tab. 18 zusammengefaßt.

*Tab. 18 Aufnahmevermögen für Cellitonechtblau B von Polypropylenfasern nach der Erhitzung im Vakuum bei unterschiedlich hoher Temperatur*

| Erhitzungstemperatur in °C | Gehalt Cellitonechtblau B in mg/g Faser |
|---|---|
| nicht erhitzt | 5,7 |
| 140 | 5,2 |
| 160 | 5,4 |
| 180 | 4,4 |
| 190 | 4,0 |

### *3.4.4 Vergilbung der Fasern*

Der Weißgehalt der unterschiedlich erhitzten Fasern wird in Tab. 19 angegeben.

*Tab. 19 Weißgehalt von Polypropylenfasern nach der Erhitzung im Vakuum bei unterschiedlich hoher Temperatur*

| Erhitzungstemperatur in °C | Weißgehalt in % |
|---|---|
| nicht erhitzt | 67,1 |
| 140 | 63,4 |
| 160 | 62,2 |
| 180 | 56,5 |
| 190 | 55,0 |

## 4. Diskussion und Zusammenfassung

Die Überlegungen, die zu den beschriebenen Untersuchungen geführt haben, gingen von der Fragestellung aus, wie die Quellungseigenschaften und damit verbunden das Farbstoffaufnahmevermögen der Synthesefasern durch eine Er-

hitzung im Vakuum verändert wird. Weiterhin war in diesem Zusammenhang von Interesse, welche Schädigung die Fasern durch eine derartige Hitzebehandlung erfahren.
Es zeigte sich, wie zu erwarten war, daß die Vergilbung der Fasern sowie ihr Festigkeitsverlust erheblich schwächer waren als bei einer Erhitzung an der Luft.

Die Änderung der Quellungseigenschaften war sehr ähnlich derjenigen durch eine Erhitzung in Gegenwart von Sauerstoff. Es ist jedoch zu berücksichtigen, daß entschieden kürzere Erhitzungszeiten in Luft benötigt werden um entsprechende Veränderungen der Fasern zu bewirken. Wir hatten angenommen, daß durch die Erhitzung in dem von uns erreichten Vakuum kurzkettige Anteile aus den Fasern heraussublimieren, wodurch eine Strukturauflockerung erfolgt, die ein höheres Farbstoffaufnahmevermögen der Fasern bedingen könnte.
Wir konnten lediglich bei den Polyesterfasern flüchtige Produkte beobachten, wodurch jedoch weder das Quellvermögen noch das Farbstoffaufnahmevermögen stärker erhöht wurde als bei einer entsprechenden Erhitzung in Luft. Insbesondere bei Polyesterfasern muß aber berücksichtigt werden, daß die Veränderungen der Fasern erheblich von dem herrschenden Vakuum abhängig sind [6]. Wir können daher auf Grund unserer Untersuchungen nicht sagen, wie die Änderungen der Fasern bei einem besseren Vakuum als $10^{-5}$ torr sind. Derartige Untersuchungen waren mit unserem Pumpstand nicht möglich.
Es wurden Polyamid-, Polyester-, Polyacrylnitril- und Polypropylenfasern im Vakuum auf unterschiedlich hohe Temperaturen während verschieden langer Zeiten erhitzt. Wir konnten feststellen, daß die Vergilbung und der Festigkeitsverlust der Fasern erheblich schwächer waren als bei einer Erhitzung in Gegenwart von Sauerstoff. Die Änderung der Quellungseigenschaften und damit verbunden das Farbstoffaufnahmevermögen sind sehr ähnlich derjenigen nach einer Erhitzung in Luft. Die Isolierung niedermolekularer flüchtiger Bestandteile war lediglich bei den Polyesterfasern möglich.

## 5. Literaturverzeichnis


[1] Burlant, W. J., J. L. Parsons, J. Polymer Sci. **22** (1956) 249–256
[2] Modlich, H., Z. ges. Textilind. **65** (1963) 907–909
[3] Wimmers, D., Z. ges Textilind. **65** (1963) 115–118
[4] Weltzien, W., W. Fester, Textil-Rdsch. **4** (1962) 194–200
[5] Grassie, N., N. J. Hay, J. Polymer Sci. **56** (1962) 189–202
[6] Yoshino, T., Y. Manabe, J. Polymer Sci. Part **A 1** (1963) 2135–2143
[7] Hendrix, H., Dissertation TH Aachen 1959

GPSR Compliance
The European Union's (EU) General Product Safety Regulation (GPSR) is a set of rules that requires consumer products to be safe and our obligations to ensure this.

If you have any concerns about our products, you can contact us on

ProductSafety@springernature.com

In case Publisher is established outside the EU, the EU authorized representative is:

Springer Nature Customer Service Center GmbH
Europaplatz 3
69115 Heidelberg, Germany

www.ingramcontent.com/pod-product-compliance
Ingram Content Group UK Ltd.
Pitfield, Milton Keynes, MK11 3LW, UK
UKHW061659190726
13853UKWH00008B/2297

* 9 7 8 3 6 6 3 0 6 1 4 1 0 *